U0004988

治癒你、治癒牠的預防保健必備指南

貓咪經穴按摩

好舒服呢～♪

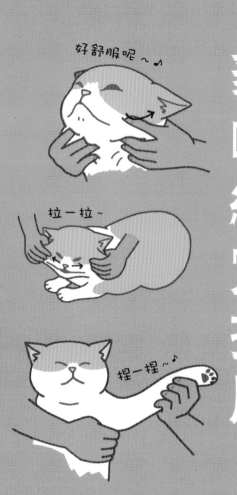

拉一拉～

捏一捏～♪

按一按

壓一壓

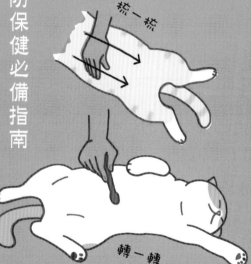

梳一梳

轉一轉

石野 孝
相澤瑪娜 著

蔡昌憲 譯

晨星出版

讓貓咪
療癒你
的生活

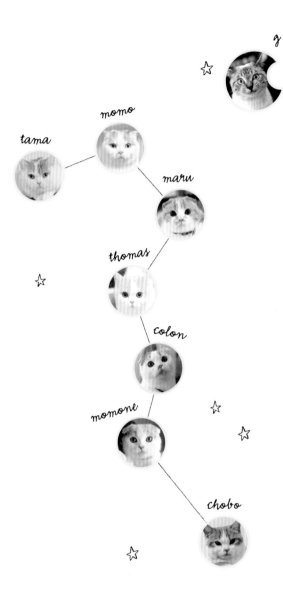

tama

momo

maru

thomas

colon

momone

chobo

g

i love cat ♥

family & friend

sleeping...

目次

前言

近年來，
由於預防注射或是寄生蟲驅蟲藥等
動物預防醫療技術的進步，以及貓咪的飲食生活
也從所謂的剩菜飯進步到貓飼料，再加上完全的生活在
室內等所造成的生活環境變化，使得貓咪的平均壽命格外地延
長。現在的貓咪年紀超過二十歲，一點也不足為奇，可以說得上是超
高齡化的貓社會。同時，貓咪與人類過著相近的生活，因此罹患腎衰竭
或是癌症等各種生活習慣疾病的貓咪也越來越多。雖然醫療技術的進步可
以做到早期發現早期治療，但生病才治療已經來不及，而在思考尚未生病的
階段是否可以做些什麼時，本書所介紹的按摩法對於增進貓咪的健康來說是
一個非常有幫助的方法。本書中所介紹的按摩法融合中國傳統醫療中的經絡按
摩與西洋醫學的淋巴按摩。只要藉由輕鬆地觸摸、輕撫貓咪的簡單行為，就可
以刺激到經絡或是穴位、淋巴的說法一點也不誇張。如果學習到與不同症狀
有關係的穴位或是淋巴位置，可以做為疾病醫療的輔助，也是預防的一環。
可以與貓咪們健康元氣地生活在一起是我們的期望。如果做得到這
樣的協助是我們莫大的喜悅。

JPMA（社）日本寵物按摩協會
隨時舉辦關於終極親密接觸之
「寵物按摩」講座
官方網站
http://www.j-pma.com/

▶ chapter 1

療癒的寵物按摩

陰陽論

在貓咪按摩開始之前
讓我們先理解以東方醫學為主軸的思考方式

所有的物體都被分類成陰陽

在古代中國思想的「陰陽論」裡提及，存在於宇宙中的所有物質或是現象都被分類在「陰」與「陽」的對立關係中。

在空間中，天為陽、地為陰。在男女之間男性為陽、女性為陰。在一天之中白天為陽、晚上為陰等如此的分門別類。但是，被分類成陰與陽的物體中，個別仍會有其陰陽相對的兩面。例如，男性為陽女性為陰，但男性有激烈活動的時候（陽），也會有安靜休息的時候（陰）。也就是說，陰陽並不是固定的狀態。會依據時間或是場所、相互的關係而有所變化。然後，其陰與陽之間會透過維持絕妙的平衡而達到安定的狀態。

● 主要的陰陽關係 ●

分類	陰	陽
宇宙	地	天
	月亮	太陽
日照	夜晚	白天
	陰暗	向陽
季節	秋冬	春夏
溫度	寒冷	炎熱
性別	女	男
運動	下降	上昇
	靜止	運動

陰陽論與東洋醫學

雖然陰陽論被應用在許多的領域上，在東洋醫學之中也將身體分為陰與陽兩個部分。依據東洋醫學的理論來說，如果陰陽失調時便會引起疾病，因此可以回復失調狀態的功能即為自然的治癒能力。而按壓穴道或是按摩就是為了提高自然治癒能力所施行的方法。

● 生物體中的陰與陽 ●

分類	陰	陽
上下	下半身	上半身
背與腹部	腹部	背部
內外	內臟	體表
氣血	血	氣
寒熱	寒性體質	熱性體質
脈搏	慢且弱	快且強
體味	較少	較強
內臟	組織充實器官（五臟）	管狀器官（五腑）

● 陰證與陽證 ●

在疾病的症狀上，也分成陰證與陽證兩種。

陰證	陽證
寒性，生物體之反應為非活動性	熱性，生物體之反應為活動性
怕冷	怕熱
喜歡溫熱的東西	喜歡冰冷的東西
臉色蒼白	臉色紅潤
體溫偏低	體溫偏高
背部、腰部、頸部周圍較寒	舌尖呈現紅色
脈象較慢	脈象較快
尿清且頻尿	頻尿且量多
便臭較少	便臭較強

五行說

與陰陽論相同，是為東洋醫學的基礎思想
介紹說明「五行說」

 何謂五行說

在東洋醫學的基礎思想的五行說中，將自然界所有的物體分類成「木」「火」「土」「金」「水」五種象徵性的性質，與動物的身體或是情感也有所關連。若將人類或是動物的內臟依據五行說分成五類來看，則「肝臟」為「木」，「心臟」為「火」，「脾臟」為「土」，「肺」為「金」，「腎臟」為「水」之對應關係。另外，情感方面也可以五行說做分類，「喜」為「木」，「樂」為「火」，「怨」為「土」，「怒」為「金」，「哀」為「水」之對應關係。

透過將內臟或是肝臟、身體的部位以五行分類，便可以了解以下的內容。例如，肝臟功能下降時，同樣屬於「木」的眼睛以及指甲也很容易出現狀況，在感情上也比較容易不耐煩或是生氣。若要調整肝臟的不正常狀況，食用酸味較強，屬於「木」的食物即可達到效果。

東洋醫學認為內臟或是肝臟、季節、顏色也與五行的五種性質有著密不可分的關係。並不僅限於明確的身體不順現象，像是「變得容易生氣」「喜歡的口味改變了」等這些細微的變化，實際上也正是身體發出不順的警訊。

● 主要的陰與陽 ●

	五臟	五腑	五情	五官	五華	五味
木	肝臟	膽	喜	目	指甲	酸
火	心臟	小腸	樂	舌	臉色	苦
土	脾臟	胃	怨	口	唇	甘
金	肺	大腸	怒	鼻	毛髮	辣
水	腎臟	膀胱	哀	耳	頭髮	鹹

五行相生說與五行相剋說

五行之間會相互支援、協調配合，也會相互對立地維持彼此之間的平衡。就算是對立的關係，其實也並不是相互消耗能量，而是取得平衡關係使對方的能量不會過剩。

● 內臟的相生、相剋 ●

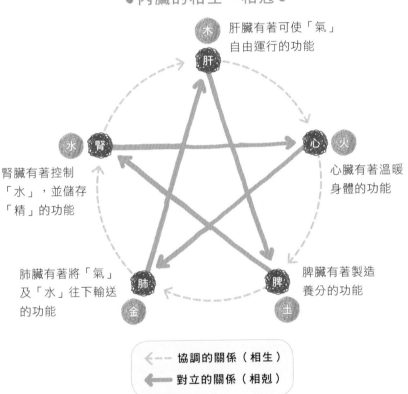

肝臟有著可使「氣」
自由運行的功能

心臟有著溫暖
身體的功能

脾臟有著製造
養分的功能

肺臟有著將「氣」
及「水」往下輸送
的功能

腎臟有著控制
「水」，並儲存
「精」的功能

- ←--- 協調的關係（相生）
- ←— 對立的關係（相剋）

經絡與穴位

介紹運行在貓咪身體的「經絡」與「穴位」，以及其個別的功能

{ 經絡 }

包含人類的所有動物體內，縱向有較粗的「經脈」貫穿，橫向則有許多像是網眼狀的「絡脈」分佈著。「經脈」與「絡脈」總稱為「經絡」，但是在經絡之中有調節、維持動物身體與心臟平衡的「氣」「血」「水」流動著。經絡分別歸屬於身體的各內臟器官，其中最為重要的經絡為「肺經」「大腸經」「胃經」「脾經」「心經」「小腸經」「膀胱經」「腎經」「心包經」「三焦經」「膽經」「肝經」的十二條經脈。經絡分為「前肢經」與「後肢經」，並再以陰陽細分。另外，與十二經絡相互協調的奇經八脈中，「督脈」與「任脈」也非常重要。「督脈」為控制陽經之氣，而「任脈」則控制著陰經之氣。

水

以淋巴液為主，掌管全部的免疫系統。如果阻塞不順，在肉球上便會大量出汗，或者是使呼吸變得急促。另外，若是水不足則會使得尿量增加，或是出現便祕、手腳冰冷等症狀。

血

為身體微調整的能量，參與循環器官以及內分泌的相關功能。要是血不足則會有皮膚變得乾燥，視線模糊，失眠等症狀出現。血循不良的狀況下則會有皮膚暗沉，肩膀僵硬等症狀出現。

氣

生命之泉源。與內臟密切相關，左右其消化吸收功能。若氣循不佳，則會有容易疲勞、倦怠、有氣無力等現象出現。

十二經脈的循行

通過身體向陽側之經絡稱之為陽經，通過日蔭側之經絡則為陰經。經絡的相關循環是從「前肢太陰肺經」開始，到後肢厥陰肝經為止。

●十二經絡的循環路徑●

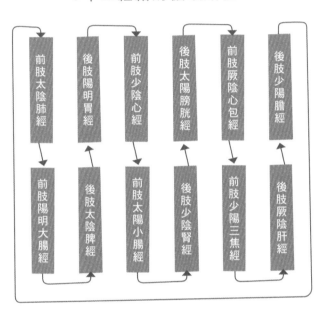

穴位

所謂穴位（經穴）是指經絡上之「氣」所集中的部位。從東洋醫學上來看，若在經脈上所流動的「氣」「血」「水」循環不佳時，便會生病。透過刺激穴位改善經絡中「氣」「血」「水」的循環，可進而提高免疫力，調整回貓咪原本的健康狀態，是為貓咪按摩的基本。

前肢太陰肺經

循行　從頭部上方開始，通過腋下到前肢內側，經由手腕，到前肢手趾的第一關節為止。

主要作用　對於呼吸器官的疾病有緩解效果。於前肢脛骨側上的穴位，對於知覺、運動障礙的治療較為有效。

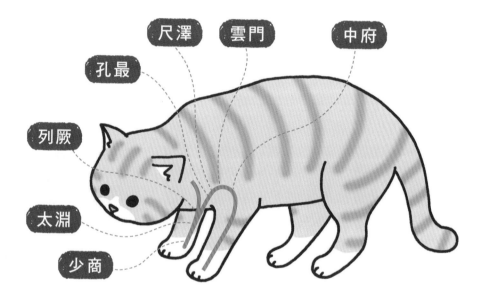

尺澤　雲門　中府
孔最
列厥
太淵
少商

穴位數　//個

主要穴位
- ●**中府**　效果➔咳嗽，肩、前肢痠痛
- ●**雲門**　效果➔前肢、後肢之冰冷
- ●**尺澤**　效果➔咳嗽、發燒、中暑
- ●**孔最**　效果➔喉嚨痛、前肢痠痛
- ●**列厥**　效果➔頸部僵硬、顏面神經麻痺
- ●**太淵**　效果➔呼吸器官疾病、前肢痠痛
- ●**少商**　效果➔嘔吐、癲癇

前肢陽明大腸經

循行 從前肢的食趾內側開始，經過前肢外側通過肩膀到鼻部兩側為止。

主要作用 對於顏面、鼻腔、牙齒、喉嚨的疾病有緩解效果，也可以使用在皮膚病或是運動障礙上的治療。另外，對於腹瀉或是腹痛等也有緩解功效。

迎香

臂臑

曲池

手三里

遍歷

合谷

商陽

穴位數 *20* 個

主要穴位

- ●**商陽** 效果→感冒、中毒、腹痛、喉嚨腫
- ●**合谷** 效果→止痛、結膜炎、便祕、流鼻水、鼻塞
- ●**遍歷** 效果→排尿困難、視力障礙
- ●**手三里** 效果→腹痛、腹瀉、牙齒痛、前肢痠痛
- ●**曲池** 效果→喉嚨痛、肩頸僵硬、結膜炎、中暑、高血壓、消化器官疾病
- ●**迎香** 效果→流鼻水、鼻塞、發燒、感冒
- ●**臂臑** 效果→肩關節炎、眼部疾病

後肢陽明胃經

循行 從眼睛下方開始，經由胸部通過腹部內側到後肢的腳趾為止。

主要作用 對於顏面、鼻腔、牙齒、喉嚨疾病有緩解效果。另外，對於運動障礙、腸胃的消化系統疾病之治療也有效果。

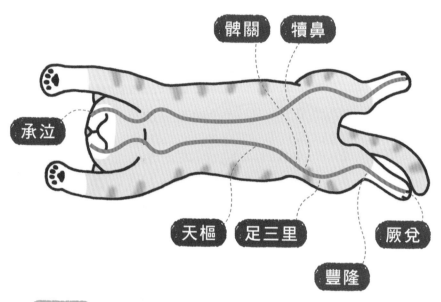

穴位數 **45** 個

主要穴位
- **承泣** 效果➔眼科疾病、感冒
- **天樞** 效果➔腹痛、子宮疾病
- **髀關** 效果➔股關節疾病
- **犢鼻** 效果➔膝蓋相關疾病
- **足三里** 效果➔消化器官疾病、咳嗽、產後不順
- **豐隆** 效果➔暈眩、咳嗽、腸胃疾病
- **歷兌** 效果➔中暑、便祕、腹痛

後肢太陰脾經

循行 從後肢內側開始，經由腰部內側到達腹部至胸部的部分為止。

主要作用 對於後肢的運動傷害有緩解效果。也可以運用在消化系統之疾病或是慢性疲勞上，且對於雌貓的雌性系統疾病治療也有改善效能。

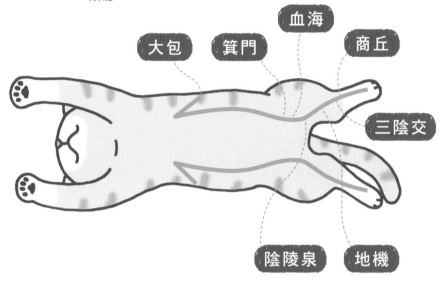

大包　箕門　血海　商丘

三陰交

陰陵泉　地機

穴位數 *21* 個

主要穴位
- ●**商丘**　效果➜腹痛、趾尖疼痛
- ●**三陰交**　效果➜雌性系統疾病（婦人病）、泌尿器官系統疾病
- ●**地機**　效果➜腹痛、膝蓋疼痛
- ●**陰陵泉**　效果➜尿路疾病、排尿困難
- ●**血海**　效果➜腹痛
- ●**箕門**　效果➜腰部、股關節之疼痛
- ●**大包**　效果➜中毒、呼吸困難

前肢少陰心經

| 循行 | 從胸部開始，經過腋下之後沿著前肢內側到前肢的小趾內側為止。 |

| 主要作用 | 適用在心臟、循環器官系統、神經或是意識的障礙治療上。對於前肢運動傷害的治療也有效果。 |

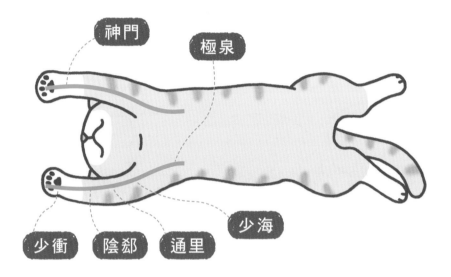

| 穴位數 | **9** 個 |

主要穴位	● **極泉** 效果➔前肢上部、膝蓋疼痛
	● **少海** 效果➔心臟痛、膝蓋疼痛、精神性疾病
	● **通里** 效果➔喉嚨痛、前肢疼痛
	● **陰郄** 效果➔前肢疼痛、尿失禁、血尿
	● **神門** 效果➔行為問題、癡呆症
	● **少衝** 效果➔發燒、心臟痛

前肢太陽小腸經

循行 從前肢的小趾外側沿前肢外側經過肩膀、頸部到耳朵為止。

主要作用 對於顏面或是耳部的疾病,以及神經或是肌肉的疾病有緩解效果。

穴位數 *19* 個

主要穴位
- ●**少澤** 效果→發燒、乳汁分泌不足、喉嚨腫、結膜炎
- ●**腕骨** 效果→發燒、前肢疼痛、腸胃炎
- ●**養老** 效果→腰痛、眼睛充血
- ●**支正** 效果→膝蓋疼痛、手部疼痛、發燒
- ●**小海** 效果→肩膀疼痛、背部疼痛、膝蓋疼痛
- ●**天宗** 效果→肩膀、前肢疼痛
- ●**聽宮** 效果→耳部疾病、牙痛

後肢太陽膀胱經

循行 從眼部內側開始，經由肩部內側、腰部再到膝蓋後方，到後肢小趾的外側為止。

主要作用 對於眼睛、後頭部、背部、腰部的疾病有緩解效果。另外，也適用於泌尿器官、生殖器官的疾病。對於水腫或是排尿障礙也有效果。

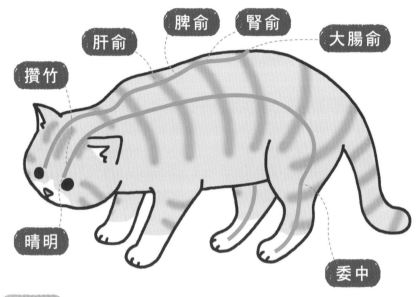

脾俞　腎俞　大腸俞　肝俞　攢竹　晴明　委中

穴位數 67個

主要穴位

● **晴明**　　效果➡結膜炎、角膜炎
● **攢竹**　　效果➡頭痛、暈眩、副鼻腔炎
● **肝俞**　　效果➡黃疸、眼部疾病、消化器官
● **脾俞**　　效果➡嘔吐、腹瀉、貧血
● **腎俞**　　效果➡減緩老化、腰痛、消化不良、腎炎
● **大腸俞**　效果➡腸炎、血尿、股關節疼痛
● **委中**　　效果➡腰痛、膝蓋疼痛、消化不良

後肢少陰腎經

循行 從後肢後方開始，通過膝關節的內側再從腹部到胸部為止。

主要作用 對於治療後肢後側或是股關節的運動傷害有緩解效果。也可應用在泌尿器官或是生殖器官疾病、水腫症狀。

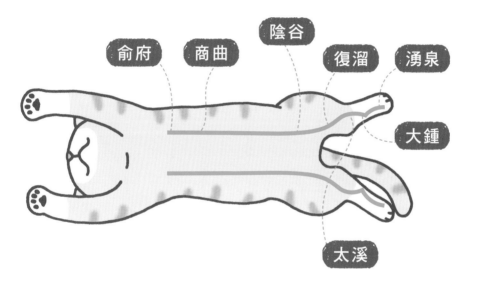

俞府　商曲　陰谷　復溜　湧泉

大鍾

太溪

穴位數 _27_ 個

主要穴位

● **湧泉**　效果 → 喉嚨疼痛、排尿疾病、後肢疼痛
● **太溪**　效果 → 牙痛、糖尿病、性賀爾蒙不順、腰痛
● **大鍾**　效果 → 食慾不振、腰痛、心臟痛
● **復溜**　效果 → 水腫、腹瀉、後肢疼痛
● **陰谷**　效果 → 腹痛、泌尿器官疾病、膝關節疼痛
● **商曲**　效果 → 腹痛、腹瀉、便祕
● **俞府**　效果 → 胸痛、心臟病、膝蓋疼痛

前肢厥陰心包經

循行 從胸部中央開始到兩前肢的小趾內側為止。

主要作用 對於心臟、循環器官、精神障礙的治療有緩解效果。另外，對於因壓力所造成之身心疲勞也有效果。

曲澤　郄門　勞宮　中衝　大陵　內關

穴位數 9 個

主要穴位
- ●**曲澤**　效果➔嘔吐、手肘疼痛
- ●**郄門**　效果➔胸部疼痛、前肢疼痛
- ●**內關**　效果➔嘔吐、胸部疼痛、發燒、手肘疼痛
- ●**大陵**　效果➔心臟痛、胸部疼痛、嘔吐
- ●**勞宮**　效果➔口內炎、口臭、手肘疼痛
- ●**中衝**　效果➔發燒、中暑、焦躁

前肢少陽三焦經

循行 從前肢的無名指外側開始到前肢外側，再經由肩膀到眼睛外側為止。

主要作用 對於顏面、眼睛、耳部的疾病有緩解效果。另外，也適用於胸脅部分、後肢知覺、運動障礙的治療。水腫或是排尿障礙也可見效。

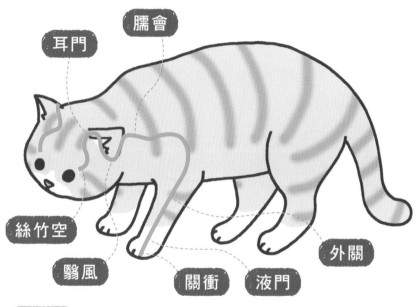

耳門

臑會

絲竹空

翳風

關衝

液門

外關

穴位數 23 個

主要穴位
- ● **關衝** 效果➜結膜炎、喉嚨痛、發燒、前趾疼痛
- ● **液門** 效果➜食慾不振、中毒
- ● **外關** 效果➜便祕、前肢疼痛、發燒、肩頸僵硬
- ● **臑會** 效果➜便祕、前肢疼痛
- ● **翳風** 效果➜耳部問題、牙痛、顏面神經麻痺
- ● **耳門** 效果➜外耳炎、腹痛、感冒
- ● **絲竹空** 效果➜頭痛、口眼歪斜

後肢少陽膽經

循行 從眼睛外側開始，經由肩膀下方，再由身體的側面到後肢內側為止。

主要作用 對於頭部、眼睛、耳部的疾病有緩解效果。在後肢的運動障礙上也有效果。

風池　肩井　環跳

陽陵泉

瞳子髎

外丘

足竅陰

穴位數 **44** 個

主要穴位
- ●瞳子髎　效果➜結膜炎、視力減退、神經疾病
- ●風池　效果➜睡眠障礙、青光眼、鼻塞、感冒
- ●肩井　效果➜肩頸僵硬、難產
- ●環跳　效果➜腰痛、股關節疼痛
- ●陽陵泉　效果➜膝蓋疼痛、嘔吐、肝臟疾病
- ●外丘　效果➜後肢硬化、頸部硬化
- ●足竅陰　效果➜耳部疾病、發燒、中暑

後肢厥陰肝經

循行 從後肢內側開始，經由腹部到胸部為止。

主要作用 對於後肢疾病、運動障礙的治療有其效果。也被應用在生殖器官、婦科疾病之治療上。

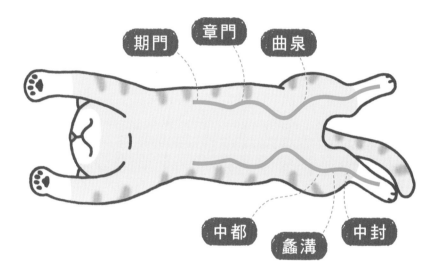

穴位數 *14* 個

主要穴位
- ●**中封** 效果➜腹痛、排尿困難、後肢的麻痺
- ●**蠡溝** 效果➜膀胱炎、椎間盤突出、後肢疼痛
- ●**中都** 效果➜腹瀉、生殖器官疾病
- ●**曲泉** 效果➜子宮疾病、膀胱炎、膝蓋疼痛
- ●**章門** 效果➜腹痛、腹瀉、嘔吐
- ●**期門** 效果➜黃疸、結膜炎、角膜炎、腋下疼痛

督脈

循行 從臀部開始，通過背部中央到嘴部上方為止。

主要作用 統括陽經，主要控制陽氣。頭頂部的穴位有鎮靜作用，背部的穴位則作用於呼吸循環器官的調整。背部中央部分的穴位，對於消化器官、泌尿器官、腰痛也有效果。

命門　懸樞　脊中

腰陽關

人中

後海

穴位數 28 個

主要穴位
- ●**後海**　效果➡便祕、腹瀉、脫肛、不孕症、調整生殖機能
- ●**腰陽關**　效果➡腰・股關節疾病、性機能減退、子宮內膜炎、破傷風
- ●**命門**　效果➡腰痛、尿閉、腎炎、破傷風
- ●**懸樞**　效果➡腰背疼痛、消化器官障礙
- ●**脊中**　效果➡脊椎疾病、黃疸、出血性疾病、脾胃疾病、食慾不振
- ●**人中**　效果➡休克、支氣管炎、中暑、感冒

任脈

循行 從臀部開始，經由腹部到嘴部下方為止。

主要作用 統括陰經，主要控制陰氣。特別是位於下腹部的穴位，對於泌尿、生殖器官、婦科系疾病有緩解效果，位於腹部的穴位則對於消化器官疾病有效果。

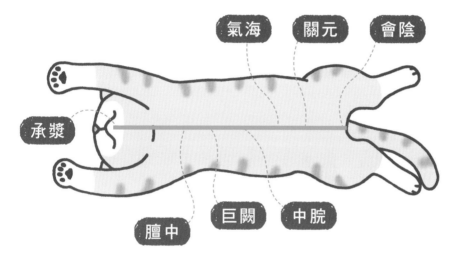

穴位數 *24* 個

主要穴位
- ●**會陰** 效果➜排尿困難、性賀爾蒙失調
- ●**關元** 效果➜不孕症、膀胱炎
- ●**氣海** 效果➜婦人病、椎間盤突出、便祕、腹瀉
- ●**中脘** 效果➜食欲不振、減肥、消化不良
- ●**巨闕** 效果➜咳嗽、腹痛、嘔吐
- ●**膻中** 效果➜心臟衰竭、肺炎、咳嗽、支氣管炎
- ●**承漿** 效果➜顏面浮腫、牙周病、牙痛

在貓咪按摩開始之前

實際開始貓咪按摩之前，
先掌握注意事項以及需事先記住的部分

貓咪按摩的現象

貓咪按摩並不是單單僅著墨在疾病或是問題上，也必須注意到貓咪在身體上、精神上不正常的原因或者是情緒上的部分，利用整體性的觀察，以調整身心平衡為主要目的。藉由按摩方式促進血液循環，使細胞能夠搬運更多氧氣，將老舊廢物更有效率地排泄出來。再者，與貓咪接觸互動的過程中，也可以增進相互之間的信任關係以達到心理上的效果。讓我們透過按摩與貓咪的關係更加親密吧！

貓咪按摩的基本原則

1.

在放鬆的狀態下進行

嚴禁在發炎、腫痛、外傷、骨折等狀況下進行。貓咪在發燒或是發生休克的情形下，或是懷孕中、空腹、飯後時也請不要進行按摩。另外，若是貓咪對按摩感覺厭惡反而容易造成壓力，因此建議雙方都要在放鬆的情況進行。

先從適應開始

不得貿然就開始進行按摩，可以先逗玩貓咪，讓他慢慢地適應之後再進行按摩。

2.

3.

不要傷害到貓咪

自己與貓咪的指甲都必須確實修剪，並事先取下戒指、手錶、手鍊。

4.

觀察貓咪整體狀況

不單單只注重在按摩的部分，而需要注意觀察貓咪整體的狀況後再進行按摩。

5.

觀察貓咪的反應

雖然貓咪呈現「很舒服的表情」是最好的狀況，但是建議還是要在進行按摩的同時，觀察貓咪是否處於「並不會很討厭的表情」。

6.

體驗按摩的效果

也按摩自己身上與貓咪一樣的穴位並體驗其效果。透過確認這些感覺同時也可以了解貓咪的感受。

按摩是「療癒的方式」

貓咪按摩並不是醫療行為。

7.

8.

注入關愛之心

在指尖上的不是只有「力道」而已，必須要再加上「關愛」來進行按摩。

按摩的基本手法

讓我們先試著練習在本書中
貓咪按摩時會用到的七個基本手法

1.

梳 撫
(Stroke)

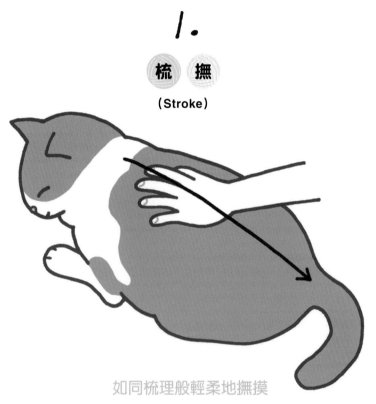

如同梳理般輕柔地撫摸

將手當成髮梳一般,沿著身體與毛髮生長方向進行按摩。先輕柔緩慢地開始,等到較為習慣之後再漸漸地施力,並加快動作。在進行按摩時,將拇指以外的四指併攏,如同梳理毛髮般輕撫貓咪的身體。

1. 利用拇指梳撫

稍微施力撫摸。

2. 利用拇指以外的 手指梳撫

比利用拇指時更輕柔之力道 撫摸。

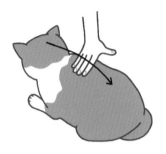

3. 利用手掌跟部梳撫

增加力道撫摸。

4. 利用全手掌梳撫

進行大範圍面積撫摸時的 方式。

2.

畫 圓 圈 按 摩

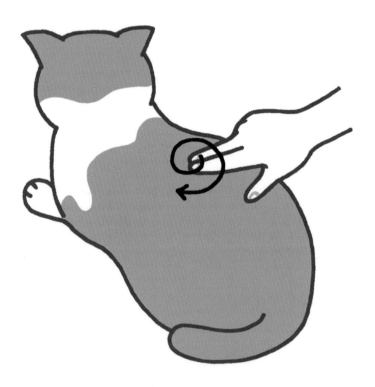

向右畫圓如寫「の」字般

利用食指或是再加上中指，於按摩部位上以日文平假名
「の」的畫圓方式進行按摩。特別是可以使用在需要仔細
按摩的特定部位。「の」字請以貓咪的視角來看，向右做
畫圓的方式。

3.

揉　捏

像是夾住般地柔捏

利用拇指與食指再加上中指，將需要按摩的部位像是夾住般進行柔捏。請用揉捏肩膀的要領進行。適用於鬆弛肌肉群豐富的頸部到背部之間較為僵硬的部位。

4.

指 壓

將食指置於穴位上，默數「1、2、3」同時漸漸地施加力量。保持相同力量相同姿勢 3 ～ 5 秒鐘，然後默數「1、2、3」再慢慢地將力量減弱。

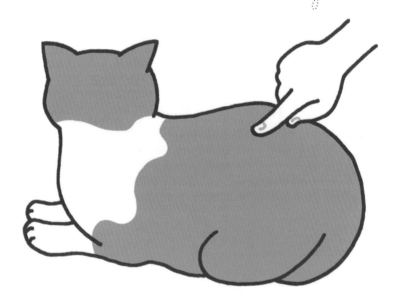

利用手指刺激穴位

這是利用手指按壓刺激穴位的手法。一般是用食指進行指壓，使用食指的指腹做按摩。腳底或是較為細微的地方可以使用棉花棒進行按摩。

5.

拍 打

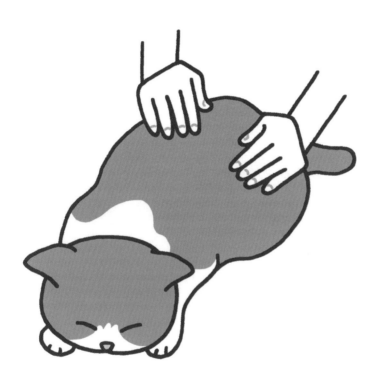

不需用力，重點在於「輕拍」

將五指合併，將手指彎曲，手背稍微拱起，讓手掌呈現圓弧狀。利用這樣的手勢輕拍在貓咪皮膚上並使其發出「咖波，咖波」的聲音。請注意不得施加太多力量拍打。

6.

拉 提

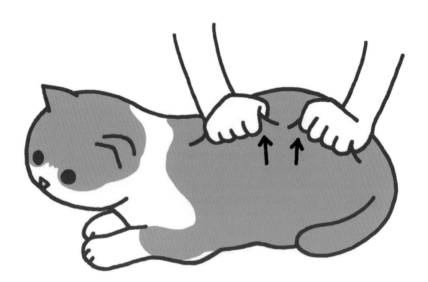

夾拉住皮膚往上拉提

是用手夾拉皮膚，往上拉提的按摩手法。貓咪的皮膚約占全身的20%，而皮膚有著保護身體的功能，因此要確實地放鬆。而且，貓咪的皮膚以及皮下組織遠比人類發達，特別是背上的皮膚有著許多的經絡及穴位，按摩效果較佳。

7.

扭 轉

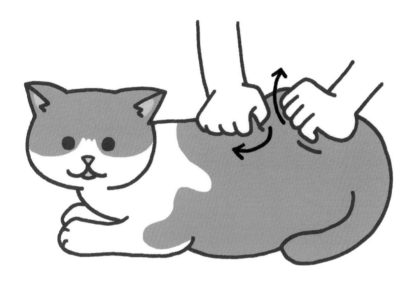

配合拉提並做前後扭轉

如左頁，在將皮膚拉提的狀態下，兩手做前後的扭轉，是
對於皮膚較有效果的按摩方式。拉提時須注意不得施力過
度。

column

貓咪的減重

「最近家裡的貓咪好像越來越胖的樣子……」，就算有這樣的感覺，但過度的減重也是很危險的。貓咪理想的減重目標為一週大約減少原體重 1～2% 左右的程度。如果碰到稍微的運動或是按摩也無法減重的狀況時，可將食物的分量減少，或者將一天餵食次數分成 4～6 次的少量多餐方式。從貓咪的背後看起來開始感覺看不到腰身時，就必須特別注意肥胖問題。若要將食物的分量減少，請詢問可信任的動物醫院，避免造成營養不良等狀況。

▶ chapter 2

基本的淋巴按摩

何謂淋巴？

為了保持健康，
配合穴位按摩促進淋巴的循環吧！

淋巴的構造

動物的體內有著無數的淋巴管，如同網狀般分布於全身。提供淋巴液流動管道的淋巴管所集中的中繼點稱之為淋巴結。而淋巴結約為米粒大小分布在貓咪頸部、腋下等全身各處，數量則因貓而異，全身大約有800個左右。

淋巴循環不良的原因

運動不足時，由於淋巴管無法受到適當的壓力，使得淋巴液的循環變差。手腳冰冷或是低體溫等原因造成血液循環不良，或是因為壓力引起血管的收縮以及肌肉的緊張也會使得淋巴液的循環不好。另外，如排尿次數過少，鹽分攝取過多或者是高齡也有可能是淋巴循環不良的原因。

淋～巴～

﹛ 四大淋巴結與淋巴之最終出口 ﹜

在進行動物按摩時，最重要的主軸為「四大淋巴結」與「淋巴之最終出口」。所謂四大淋巴結，是指位於體表附近特別重要的大淋巴結，有「頸部淋巴結」「腋窩淋巴結」「鼠蹊淋巴結」「膝窩淋巴結」。另外，淋巴之最終出口位於左肩胛骨前緣。

「頸部淋巴結」

若此處淋巴結循環不良，會使臉部浮腫，或者使得外耳炎以及口內發炎不易治癒。

「鼠蹊淋巴結」

此為淋巴液流往下半身，如同大動脈性質的部位，如果循環不良則會造成水腫或是皮膚鬆弛等症狀發生。

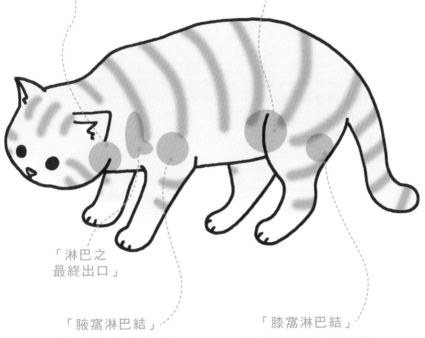

「淋巴之
最終出口」

「腋窩淋巴結」

若此淋巴結感覺到疼痛時，就有可能是感冒的前兆。

「膝窩淋巴結」

若此淋巴結的循環不佳時，則會出現像是膝蓋疼痛、腳痛、腳的彈性變差等症狀。

四大淋巴結按摩

以增進及維持健康為目的，在開始貓咪按摩之前先進行基本的按摩吧！ 於動物體內如同網狀般分布在全身的淋巴管所集中的中繼點稱之為淋巴結。其中，透過每天按摩如57頁所介紹的主要淋巴結，將堆積於體內的疲勞物質，或是老舊廢物排出體外，以增強免疫力並預防疾病。

左右
各6～10次

1 輕撫淋巴之最終出口

首先，將拇指以外的4指併攏並輕撫淋巴之最終出口（左肩胛骨前緣），將淋巴之最終出口打開。

左右
各6～10次

2 頸部淋巴結的
按摩

將拇指以外的4指併
攏，從臉頰往頸部
輕輕梳撫。接著，
想像淋巴的流動方
向，由頸部到肩部
輕輕往下梳撫。

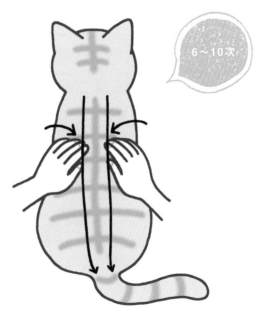

6～10次

3 背部按摩

將5指併攏，手掌呈
現稍微彎曲的狀態在
貓咪背上輕柔拍打，
給予全身的淋巴輕微
地震動。

左右
各6～10次

4

肩部至前肢的
淋巴結按摩

從肩膀到前肢的趾尖
部，以寫「の」字般
畫圓的方式梳撫。

左右
各6～10次

5

腋窩淋巴結

從貓咪的背後將兩手放
到腋下，將食指的側面
接觸到腋下的根部，虛
握住輕輕揉捏。

左右
各6～10次

6

鼠蹊淋巴結

從貓咪的背後將兩手
放到鼠蹊部，使用手
指第二關節的部分，
針對鼠蹊部輕輕地按
壓、揉捏。

左右
各6～10次

7

膝窩淋巴結

將兩手放在膝窩淋巴
結的上下部位，用兩
手的拇指與食指、中
指如同握住的方式上
下交替揉捏。

臉部按摩

堆積在臉部的老廢物，是造成臉部浮腫的原因。將臉部的老廢物集中到下顎部的淋巴結，順暢地排泄掉吧!

1 梳撫臉部

用拇指，從嘴角到耳朵根部方向梳撫。相同地，從鼻端、眼下、眉毛的內側也往耳朵根部方向梳撫。

6～10次

2 從耳朵後方～頸部做畫圓按摩

從耳朵後方往頸部方向做畫圓按摩。

左右各6～10次

左右
各6～10次

3 揉捏耳朵根部

用拇指與食指揉捏耳朵根部。

4 按摩太陽穴

用拇指以畫圓方式按摩位於眼角外側的太陽穴。

左右
各6～10次

各6～10回

5

揉捏攢竹穴

用拇指輕壓揉捏位於
眉頭的攢竹穴。

左右
各6～10回

6

梳撫肩井穴

用拇指以外的4指邊
按壓肩井穴，並上下
梳撫。

7 臉部的拉提按摩

與52頁相同方法做臉部的拉提按摩。

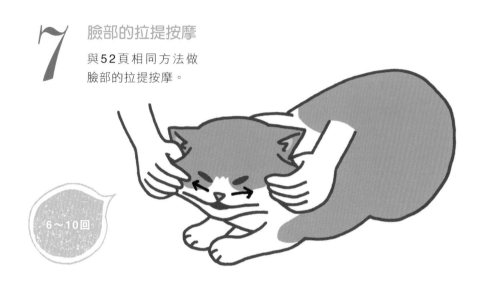

6～10回

6～10回

8

輕拉廉泉穴

輕拉位於喉結附近的廉泉穴。

Let's study

前肢的穴位按摩

於前肢也有許多的穴位
介紹其中的一部分

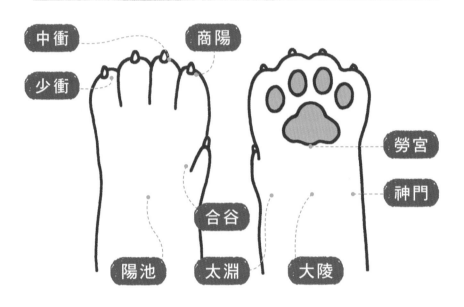

- ●**少衝** 第5趾內側趾甲邊緣
- ●**中衝** 第3趾內側趾甲邊緣
- ●**商陽** 第2趾內側趾甲邊緣
- ●**合谷** 第1趾與第2趾交接處靠第2趾側
- ●**陽池** 手背與手腕交接處之中央部位
- ●**太淵** 手腕第1趾根部的凹陷處
- ●**大陵** 手腕平面部分的中心點
- ●**勞宮** 手掌大肉球的根部中央
- ●**神門** 手腕第5趾根部的凹陷處

臉部的穴位按摩

臉部的穴位有緩解臉部浮腫
以及眼部疲勞的效果

※左右對稱

- **晴明** 眼頭
- **攢竹** 於晴明穴上方，眉毛內側
- **絲竹空** 眉毛外側
- **瞳子髎** 眼尾
- **承泣** 眼睛下方中央
- **四白** 承泣下方
- **迎香** 鼻孔外側
- **太陽** 眉毛外側偏斜下方之凹陷處

column

貓咪的尾巴

　　貓咪的尾巴是心情的氣壓計。這裡介紹如何從貓咪尾巴解讀貓咪的訊息。基本上，輕輕搖擺尾巴時，代表心情是放鬆的狀況。雖然也沒有做什麼事，但心情是穩定的。反之，在煩躁或是極為興奮時，則會將尾巴非常激烈地往地面拍打。這個狀況可以在跳躍失敗、或是休息時被干擾時看到。另外，極度緊張或是驚嚇的時候便會將尾巴膨脹以威嚇對方。

▶ chapter 3

目的類別按摩
（放鬆篇）

肩頸僵硬

貓咪並不會表明自己「肩頸僵硬」，但貓咪與人類一樣會有肩頸僵硬的狀況。先不說貓咪是否會感覺到「肩頸好僵硬喔！」但是在只要被梳撫肩部周邊時便會露出感覺舒服的表情。貓咪雖然仍保有鎖骨，卻已經退化無法發揮功能。因此，可以想像連結前肢與身體的肌肉應該比人類有著更大的負擔。再加上壓力、生活習慣疾病、眼睛疲勞也是讓貓咪肩頸僵硬惡化的要因。

搶風

肩井　　曲池

● 肩井　左右肩胛骨前方的凹陷處（左右各一個）
● 曲池　前肢肘關節外側，將手肘彎曲時產生的皺紋外側凹陷處（左右各一個）
● 搶風　肩關節後方的凹陷處（左右各一個）

基 本 的
肩 頸 僵 硬 按 摩

左右
各6～10次

1 針對肩部的
梳撫

由上往下梳撫背部、肩胛骨
部分。

左右
各6～10次

2 按摩
肩井穴

用食指、中指、無名指
按壓肩井穴。順勢握住
前肢，將前肢抬起並往
前拉引、推拿。

左右
各8次

3 指壓搶風穴

指壓左右兩邊的搶風穴

4 按摩頸部

針對頸部背面上的
頸韌帶左右兩邊，
由上往下進行揉捏
按摩。

左右
各6～10次

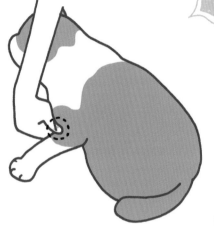

左右
各8次

5 指壓曲池穴

指壓左右兩邊的曲池穴。

各6～10次

6 拉提督脈

用兩手拉提背部之督
脈部分。

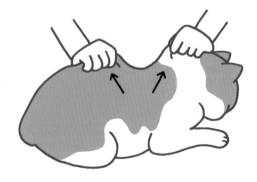

減重

在最近的調查報告中提到有4成的貓咪有肥胖的現象。包含結紮或是避孕手術所造成的肥胖，飲食生活的不規律所造成的肥胖，因壓力所造成的肥胖等各式各樣的原因。雖然肥胖並不是疾病，但有可能是引起腰痛、心臟衰竭、糖尿病、癌症、異位性皮膚炎等疾病的主要原因。對於避免肥胖，除了配合按摩，也必須進行減少含有較多糖分、脂肪的貓食等對策。

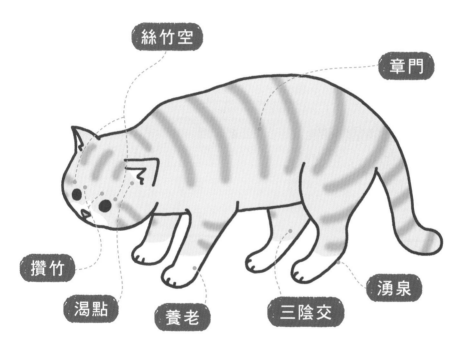

- **渴點** 左右耳洞之前，在臉側上稍微凸出處的斜前方之穴位（左右各一個）
- **三陰交** 後肢內側腳踝與膝蓋骨連結之直線上，腳踝開始之2/5處
- **養老** 前肢手腕外側，從小指往手腕所連結之直線上突出腕骨下方凹陷處
- **湧泉** 後肢腳底最大肉球之底部（左右各一個）
- **章門** 從胸骨部分順勢沿著最後肋骨下緣，往上到達腹部兩側突出處（左右各一個）
- **攢竹** 眉毛之內側（左右各一個）
- **絲竹空** 眉毛之外側（左右各一個）

6～10次

1

梳撫腹部

以順時針方向慢慢地梳撫腹部。

2

梳撫鼠蹊淋巴結

利用手掌向內側梳撫鼠蹊淋巴結。

**左右
各6～10次**

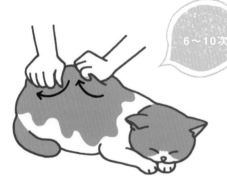

6～10次

3

拉提督脈

用兩手拉提背部的督脈,並且扭轉。

4

指壓三陰交穴

指壓於後肢內側的三陰交穴。

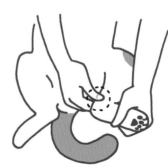

**左右
各8次**

5

6～10次

指壓養老穴

指壓於前肢手腕外側
的養老穴。

因水腫而造成的肥胖

6～10次

1

梳撫腹部

以順時針方向慢慢地撫
摸腹部。

左右
各 6 ～ 10 次

2

梳撫膀胱經

從小腿肚的根部往前方
撫摩位於後肢內側的膀
胱經。

3

揉捏膀胱經

從膝蓋的後方延伸到腳踝
的膀胱經經絡，用拇指及
食指揉捏按摩。

左右
各6～10次

左右
各6～10次

4

指壓湧泉穴

使用拇指，往趾尖的方向指
壓位於後肢腳底的湧泉穴。

左右
各6～10次

5

指壓渴點穴

使用拇指或是食指指
壓渴點穴。

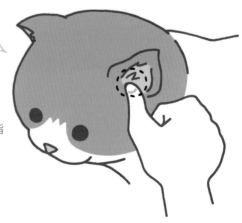

因壓力所造成的肥胖

6～10次

1
梳撫腹部
以順時針方向慢慢地梳撫腹部。

6～10次

2
梳撫側腹部
沿著肋骨邊緣從胸部往側腹方向進行梳撫。

左右
各6～10回

章門

3
指壓章門穴
指壓位於側腹部的章門穴。

6～10次

4
梳撫攢竹至絲竹空
利用拇指或是食指，從位於眉毛內側的攢竹，往眉毛外側的絲竹空梳撫。

消除壓力

動物的身體在感受到壓力時，會分泌一種被稱為腎上腺皮質醇（cortisol）的賀爾蒙。由於腎上腺皮質醇會使得脂肪容易囤積造成使抑制食慾賀爾蒙的瘦體素（leptin）減少，成為肥胖的原因。貓咪是對於環境變化所產生的壓力非常敏感的動物。若壓力堆積到一定程度，便會誘發隨處排泄，或是產生攻擊性等各式各樣的疾病。因此，在發生肥胖或是其他疾病之前，多加按摩療癒他們吧。

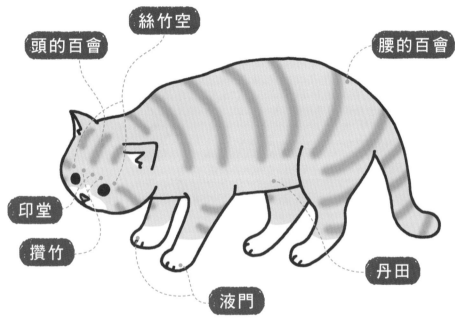

- ●**攢竹** 　　　眉毛的內側（左右各一個）
- ●**絲竹空** 　　眉毛的外側（左右各一個）
- ●**頭的百會** 　連結兩耳根部的直線，與背部正中線交叉點
- ●**腰的百會** 　骨盆橫幅最寬的部分與脊椎交叉的凹陷處
- ●**印堂** 　　　左右攢竹穴的中央
- ●**液門** 　　　前肢的無名指與小指間的根部（左右各一個）
- ●**丹田** 　　　於肚臍下方，此為部位名並非穴位

基本的
消解壓力按摩

1

梳撫攢竹至絲竹空之間

利用拇指或是食指梳撫從眉毛內側的攢竹穴到眉毛外側的絲竹空穴。

6～10次

6～10次

2

梳撫印堂到頭的百會之間

兩手將貓咪的頭部如夾住般固定，用拇指由前往後梳撫。

3

雙頰的拉提

拉提臉部兩側的皮膚。重點在於拉提時讓貓咪露出像是在笑的表情。

4 指壓液門穴

指壓於前肢的液門穴。

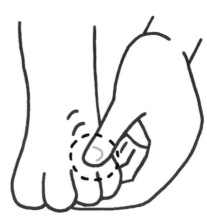

6～10回

5 梳撫丹田

以畫圓方式按摩肚臍下方的丹田。想像將貓咪腦子裡的壓力全部往下放到丹田的方式梳撫。

6～10回

牙刷按摩

利用牙刷以寫「の」字的舒刷按摩方式按摩後肢腳底。位於腳底的「失眠穴」有使貓咪心情安定的功效。

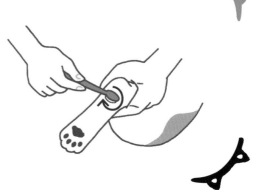

防止老化、提升免疫力

近年來，貓咪的平均壽命持續延長中。主要的原因在於醫療的進步或是疾病的早期發現、飼主意識的抬頭。但是，就算壽命延長了，如果不能健康地生活，根本就是本末倒置的事。在東洋醫學中認為，腎臟衰弱時，精力或是氣力便會減退，因此會變得沒有元氣。按摩並不僅只是抗老化而已，同時會加強因為生活習慣疾病所造成的體力，或是免疫力下降時的生命能量。

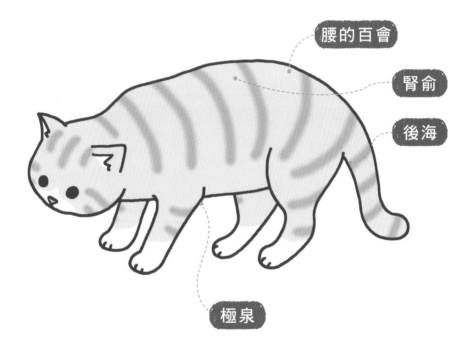

腰的百會

腎俞

後海

極泉

- ●**極泉** 前肢的腋下（左右各一個）
- ●**腎俞** 最後一根肋骨與脊椎連結之骨節開始往下的第二骨節兩側（左右各一個）
- ●**後海** 肛門與尾部連結之凹陷處
- ●**腰的百會** 骨盆的最寬處與脊椎交叉之凹陷處

基 本 的 防 止 老 化 按 摩

1 梳撫前肢

慢慢地梳撫位於前肢內側，從手腕開始到手臂之間的前肢三陰經。

左右
各6～10次

2 揉捏腋窩淋巴結

揉捏於腋下的腋窩淋巴結。

左右
各6～10次

3 拉提極泉穴

拉提於前肢腋下的極泉穴。

左右
各6～10次

4

揉捏腎俞穴

利用拇指與食指，或是加上中指揉捏背骨左右的腎俞穴。

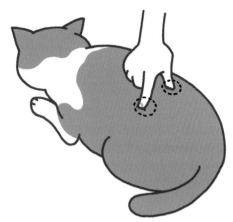

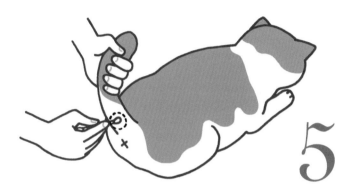

5

指壓後海穴

使用棉花棒指壓後海穴。

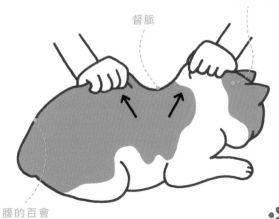

頭的百會

督脈

6

拉提腰的百會至頭的百會

拉提腰的百會至頭的百會之間的督脈。

腰的百會

提升元氣

貓咪也與人類一樣，如果壓力或是緊張的狀態一直持續的話，便會使得經絡的循行或是淋巴液循環不良而顯得全身無力。情緒低落造成心理上的傷害時、環境有所變化時、飼主的家庭成員構成有所變化時，也會有失去元氣的情形出現。透過按摩，使經絡或是淋巴的循行得到改善，將身體深處的元氣提升出來才是重點。

四神聰

解谿　井穴

- **四神聰**　以耳朵上側根部所連結的直線，與從鼻端往頭頂延長的直線交叉點為中心，其前後左右之四個點
- **井穴**　於前後肢趾甲的兩側
- **解谿**　後肢腳背前後兩條筋交叉處的中央凹陷處

1

梳撫腹部

以順時針方向慢慢地梳
撫腹部。

6～10次

6～10次

2

梳撫頭部

將右手貼於頭部,緩慢
地前後移動梳撫頭部。

6～10次

3

拉提四神聰穴

將位於頭頂部的四神
聰穴,以縱、橫兩個
方向進行拉提。

4 梳撫前肢

慢慢地梳撫於前肢內側，
從手腕開始到手臂之間的
前肢三陰經。

左右
各6～10次

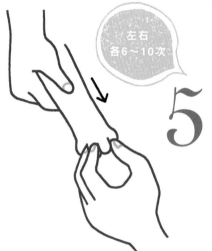

左右
各6～10次

5 拉引井穴

按壓住位於前、後肢的井
穴左右兩側，並向前側做
拉引。

左右
各6～10次

6 指壓解谿穴

以棉花棒指壓位於後肢的
解谿穴。

1

梳撫後頭部

由頭部往下梳撫至頸根
部之間的後頭部。

左右
各6～10次

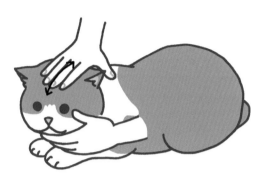

各6～10次

2

指壓側頭部

以畫圓方式按摩眼睛旁
邊的側頭部。

左右
各6～10次

3

梳撫頸部

由上往下左右交互梳
撫頸部側面。從頸根
部往前肢的方向順勢
地滑動。

column

温毛巾
按摩法

使用溫熱的毛巾輕輕按摩，可以同時擦拭
皮毛表面的髒污，一舉兩得。只要準備一條使用
過的舊毛巾，浸泡於感覺稍微有點熱的熱水中。將
浸溼的毛巾儘量擰乾，餘熱稍退後便完成準備。梳撫
頸部後方，或是用兩手將腰部周圍慢慢地保溫，腹部、
腳部等也要仔細擦拭。後腳便以包住的方式，溫熱腳跟
到趾尖的部分。用單手握住後肢根部便可以較容易地
進行溫熱按摩。

▶ chapter 4

目的類別按摩
（問題篇）

尿道的問題

貓咪也會出現頻尿、多尿、無尿、血尿、殘尿感等症狀。特別是常發生在結紮過的公貓，或者是飼養在室內、肥胖傾向、喜歡吃乾飼料、神經質、季節變換時期也較常發病。此為堆積於膀胱的溼熱所造成。透過除去腎臟、膀胱的溼熱，讓問題部位回復健康吧！

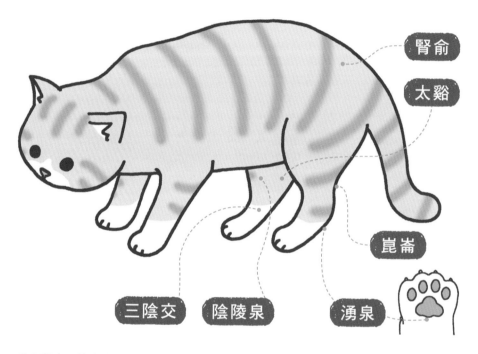

腎俞

太谿

崑崙

三陰交　陰陵泉　湧泉

● **三陰交**　於後肢內側，從腳踝到膝蓋所連結的直線上，腳踝上方2/5處（左右各一個）
● **湧泉**　後腳底最大肉球的根部（左右各一個）
● **陰陵泉**　於後肢內側，從三陰交穴沿脛骨往上延伸至骨節處（左右各一個）
● **太谿**　於後肢內側，內腳踝後方與阿基里斯腱之間的凹陷處（左右各一個）
● **崑崙**　於後肢外側，外腳踝後方與阿基里斯腱之間的凹陷處（左右各一個）
● **腎俞**　最後一根肋骨與脊椎連結之骨節開始往下的第二骨節兩側（左右各一個）

基 本 的
尿 路 問 題 按 摩

1 梳撫腹部

以順時針方向慢慢地梳撫腹部。

6～10次

左右
各6～10次

2 梳撫後肢三陽經

梳撫後肢外側，由大腿往趾尖方向。

3 梳撫肋骨到後肢之間

梳撫從最後一根肋骨到大腿之間的部分。

左右
各6～10次

4 梳撫鼠蹊淋巴結

由外往內側梳撫鼠蹊淋
巴結。

左右
各6～10次

5 指壓背部的腎俞穴

指壓位於背部的腎俞穴。

左右
各6～10次

左右
各6～10次

6 指壓後肢的三陰交穴

指壓位於後腳內側的三
陰交穴。

7

指壓後肢的湧泉穴

使用拇指往趾尖方向指
壓位於腳底的湧泉穴。

左右
各6～10次

左右
各6～10次

8

指壓後肢的陰陵泉穴

指壓位於後腳內側的陰
陵泉穴。

9

揉捏後肢腳踝

揉捏位於後腳腳踝兩側
的太谿穴與崑崙穴。

左右
各6～10次

腸胃的問題

在腹部中，有肝臟、膽囊、胃、十二指腸、大腸、小腸、膀胱等重要的器官。以貓咪來說，腹痛、腹瀉、便祕、嘔吐等症狀發生的頻率比人類更多。若是在吃飯時嘔吐或是發生消化不良的症狀時，透過按摩的功效讓胃或腸的體液可以正常循行，調整到原本的健康狀態。

足三里

三陰交　　陰陵泉

- ● **三陰交**　於後肢內側，從腳踝到膝蓋所連結的直線上，腳踝上方2/5處（左右各一個）
- ● **足三里**　於後肢外側，從膝蓋與腳踝連結之直線上，膝關節下方1/4之凹陷處（左右各一個）
- ● **陰陵泉**　從三陰交穴沿脛骨往上延伸至骨節突出處（左右各一個）

基 本 的
腸 胃 按 摩

左右
各6～10次

1 梳撫腰部

兩手手掌貼在貓咪身
上，由腰部往肩胛骨
方向梳撫。

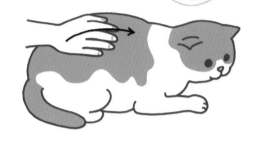

6～10次

2 梳撫腹部

以順時針方向慢慢地梳
撫腹部。

3 以十字方式
梳撫腹部

以肚臍為中心，上下左
右做十字型梳撫。

6～10次

4 指壓足三里穴

指壓位於後肢外側的足三里穴。

左右
各6～10次

左右
各6～10次

5 指壓後肢的陰陵泉穴

指壓位於後肢內側的陰陵泉穴。

左右
各6～10次

6 梳撫後肢的三陰交穴

梳撫位於後肢內側的三陰交穴。

96

排便的問題

在貓咪身上當然也一定會有便祕、軟便、腹瀉等的排便問題。其中有各種不同的原因，如少食、偏食、水分攝取不足、運動不足、壓力、肥胖等。另外，高齡的貓咪也較多便祕或是軟便的困擾。東洋醫學中，不論是腹瀉或是便祕都是刺激相同的穴位。在此介紹改善腹瀉、軟便、便祕問題的通便按摩。

大腸俞

小腸俞

足三里

- **大腸俞** 位於腰骨的兩側（左右各一個）
- **小腸俞** 位於大腸俞的後方，在與骨盆交界處（左右各一個）
- **足三里** 於後肢外側，從膝蓋與腳踝連結之直線上，膝關節下方1/4之凹陷處（左右各一個）

基 本 的 排 便 按 摩

1 梳撫腹部

以順時針方向慢慢地梳撫腹部。

6～10次

2 梳撫背部

將兩手貼在貓咪腰部，往肩胛骨向上梳撫。

左右各6～10次

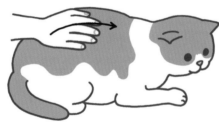

3 梳撫腋窩淋巴結

梳撫位於腋下的腋窩淋巴結。

左右各6～10次

4 指壓大腸俞穴、
小腸俞穴

指壓大腸俞穴、小腸俞
穴。腹瀉時輕柔些，便
祕時可稍加施力指壓。

各6～10次

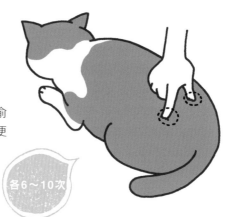

5 指壓足三里穴

指壓位於後肢外側的足
三里穴。

左右
各6～10次

牙刷按摩

利用牙刷如寫「の」字的舒
刷按摩方式按摩腹部。在腹
部正中線有所謂的任脈運
行，此經絡有調整腹部狀況
的作用。

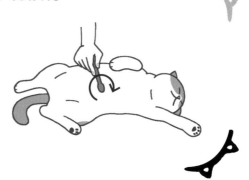

睡眠的問題

雖然失眠有各種不同原因，但是幾乎都是因為精神上的壓力。不僅限於失眠，持續獨自看家或是環境變化時，也會出現一大早就醒來，或者是醒來卻精神不濟的狀況。老貓若是發生失智症，也會有日夜顛倒的情形。對於這些睡眠的問題，按摩是有效的方法。利用按摩使血液循環順暢並舒緩腦部緊張，讓大腦獲得休息，就可以有一個優質的睡眠。

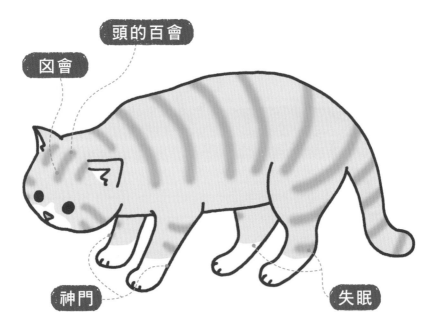

頭的百會

囟會

神門

失眠

- ●**囟會**　　　人類是在頭髮髮際的正中央部分，但貓咪則是想像貓咪前髮生長的部位中央。
- ●**頭的百會**　兩耳根部的連結線，與背部中央線之交叉點
- ●**神門**　　　位於前肢手腕下方小肉球下的筋上，靠近拇指側的凹陷處
- ●**失眠**　　　位於後肢的腳底，腳跟鼓起的部分（左右各一個）

基本的睡眠按摩

1 梳撫頭頂部

用兩手固定頭部，將拇指貼於頭頂，往後頭部由內向外側像是畫半圓弧的方式慢慢地按摩，刺激囟會穴與頭的百會穴。

6～10次

2 梳撫前肢的外側

由趾尖往前肢根部方向梳撫前肢外側。

左右各6～10次

3 耳部做畫圓按摩

將手放在耳朵下方，進行畫圓按摩。

左右各6～10次

4 指壓神門

指壓位於前肢腳底的神門穴。也可以使用棉花棒按壓。

左右
各6～10次

5 梳撫失眠穴至趾尖

從位於後腳腳底的失眠穴往趾尖方向，以拇指梳撫。

左右
各6～10次

牙刷按摩

使用牙刷作稍微左右移動的方式按摩在尾巴根部的穴位。因為有些貓咪不喜歡被觸碰尾巴，按摩時請務必要多加注意。

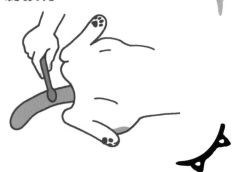

體力減退、倦怠感

在東洋醫學裡將元氣的來源稱為「精」。如果腎臟很健康,且「精」充滿於其中的話,身心也會得到充實並可以發揮其十分功能。反之,若腎臟本身非常虛弱,儲蓄「精」的能力便會因此變差,而無法將營養供給到全身。這樣的狀態一直持續下去,會因壓力而引起憂鬱狀態,食慾也會接連減退。在出現這樣的情形之前,趕緊利用按摩來補充貓咪的元氣吧!

- **地機** 位於後肢內側,膝蓋正下方的骨節,與內側腳踝所連結的直線上(左右各一個)
- **勞宮** 位於前肢手掌側,最大肉球的根部(左右各一個)
- **腎俞** 最後一根肋骨與脊椎連結之骨節開始往下的第二骨節兩側(左右各一個)
- **氣海** 肚臍與恥骨之間的連結線上,肚臍往下1/3處
- **關元** 肚臍與恥骨之間的連結線上,恥骨往上2/5處
- **三陰交** 於後肢內側,從腳踝到膝蓋所連結的直線上,腳踝上方2/5處(左右各一個)
- **委中** 膝蓋正後方的中央部分(左右各一個)

基本的
體力衰退按摩

各6～10回

1 梳撫心窩至頸部

由心窩（腹部上方）往頸部方向梳撫。

2 梳撫委中穴至腳跟

利用拇指從膝蓋正後方的委中穴往腳跟的方向梳撫。

左右
各6～10回

3 梳撫後肢內側

梳撫由三陰交穴到地機穴為止。

左右
各6～10回

104

4 指壓勞宮穴

指壓位於前肢掌部側，最大肉球的手腕側的勞宮穴。

左右
各6～10回

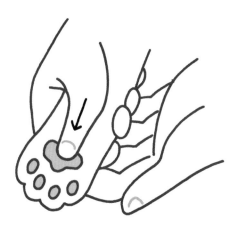

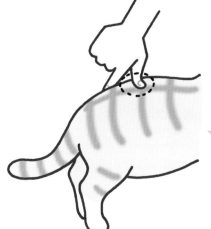

5 揉捏腎俞穴

揉捏位於脊椎兩側的腎俞穴。

左右
各6～10回

左右
各6～10回

6 梳撫氣海穴至 關元穴

利用食指與中指梳撫位於肚臍下方的氣海穴至關元穴。

耳朵的問題

如果貓咪會頻繁地搔抓頭部或是甩頭，有可能是因為外耳炎等的耳部問題造成。在中國的古籍中有「耳為腎之宮」一說。所謂「宮」就是指洞穴，也就是說「腎臟是透過耳朵的洞口與外界聯結」之意。由於腎臟與耳朵有著密切的關係，因此可以施以調整腎臟功能為主的按摩。

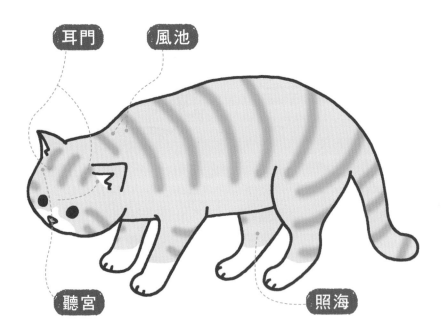

耳門　　風池

聽宮　　　　　照海

- ● **耳門**　位於嘴巴打開後出現在耳朵前方的凹陷處
- ● **聽宮**　位於下顎的延長線上，耳朵前方的凹陷處。耳朵打開能看到（左右各一個）
- ● **風池**　頸部後方中央的淺凹陷處（左右各一個）
- ● **照海**　後肢內側腳踝下方（左右各一個）

基本的
耳部按摩

各6～10次

1 梳撫後肢內側

由指尖往大腿內側梳撫後肢內側。

左右
各6～10次

2 梳撫腹部至胸部

利用手掌梳撫腹部到胸部之間。

3 揉捏耳根部

揉捏耳根部的穴位（有耳門穴、聽宮穴、風池穴）。

左右
各6～10次

左右
各6～10次

4 指壓照海穴

指壓位於後肢的照海穴。

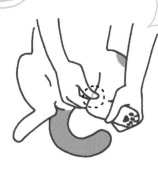

眼部的問題

由於貓咪的臉部較靠近地面或是地板，因此垃圾或是沙塵、異物都很容易跑進眼睛中，而經常會造成傷害眼球以及引起眼睛充血等問題。如果發現貓咪眼睛充血，或者是眼睛有分泌物時便需要注意。在此介紹對於因老化所引起的白內障、乾眼症、結膜炎等有效的按摩法。

※ 青光眼、角膜炎的狀況下，請勿進行按摩。

- ●**攢竹**　位於眉毛內側（左右各一個）
- ●**絲竹空**　位於眉毛外側（左右各一個）
- ●**晴明**　位於眼頭偏上方（左右各一個）
- ●**承泣**　位於眼睛下方的凹陷處（左右各一個）

基 本 的
眼 部 按 摩

左右
各6～10回

1 梳撫前肢內側

由趾尖往肘部方向梳撫
前肢內側。

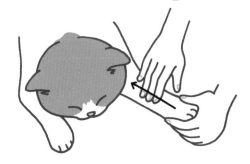

6～10回

2 梳撫攢竹穴至
絲竹空穴

利用拇指或是食指梳撫
眉毛內側的攢竹穴到眉
毛外側的絲竹空穴。

6～10回

3 拉提眉毛
周邊部位

拉提眉毛周邊部位皮膚。

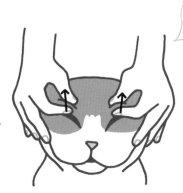

4

揉捏晴明穴

揉捏晴明穴。

6～10回

5

揉捏承泣穴

梳撫承泣穴到絲竹空穴之間。

左右
各6～10回

如果眼睛
出現分泌物，
請幫我擦乾淨後
再按摩喔~

前肢的問題

用四肢行走的貓咪，肩膀或手肘發生疼痛狀況十分常見。在這種情況下，透過刺激手肘外側的穴位或是淋巴，可以調整身體整體肌肉的平衡，達到緩和疼痛的效果。

手三里　曲池

●**曲池**　　位於前肢外側，將手肘彎曲時產生的皺紋外側凹陷處（左右各一個）
●**手三里**　位於前肢外側，肘關節與手腕關節所連結的線上，肘下1/6處（左右各一個）

基本的   前肢按摩

左右
各6～10次

1 梳撫趾尖 到肩膀

利用手掌輕輕地按摩從趾尖往肩膀的前肢外側部分。

左右
6～10次

2 梳撫手肘外側 的頂點

利用拇指順時針方向梳撫手肘外側的頂點。

左右
6～10次

3 指壓手 三里穴

指壓手三里穴。

左右
各6～10次

4 指壓曲池穴

指壓曲池穴。

後肢的問題

膝蓋關節或是股關節的疼痛對於人類來說也是非常難耐的。關節因痛感而無法屈伸或紅腫且伴隨劇痛、走路時疼痛、患部有灼熱感、寒冷天氣時因受寒更加疼痛……這些症狀在東洋醫學上稱之為歷節風（痛風）。若病狀持續時，便不單單只有關節，也會影響到支撐關節的肌肉，而引起發熱或是紅腫使其惡化。

陰陵泉　腰的百會　大胯　陽陵泉　湧泉　趾間

- ●**大胯**　　位於腹部皺摺線的根部（左右各一個）
- ●**陰陵泉**　位於後肢內側，膝蓋下方的凹陷處（左右各一個）
- ●**湧泉**　　後肢腳底最大肉球的根部（左右各一個）
- ●**陽陵泉**　位於後肢外側，腓骨頭（膝蓋偏下方突出的骨頭）的斜後下方（左右各一個）
- ●**趾間**　　後肢所有腳趾的根部（左右各三個）
- ●**腰的百會**　骨盤最寬的部分與背骨的交接處

基本的後肢按摩

1 梳撫背部

利用整個手掌前後梳撫背部。

6～10次

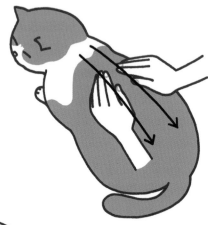

2 拉提腹部皺摺線的根部

拉提位於左右腹部皺摺線根部的大胯穴。

左右各6～10次

3 揉捏陰陵泉穴及陽陵泉穴

如同夾住般揉捏位於後肢內側的陰陵泉穴與後肢外側的陽陵泉穴。

左右6～10次

4 指壓湧泉穴

由後往趾尖指壓後肢腳
底的湧泉穴。

左右
各6～10次

5 梳撫趾間穴

利用拇指由內往趾尖方
向梳撫位於後肢所有腳
趾之間的趾間穴。

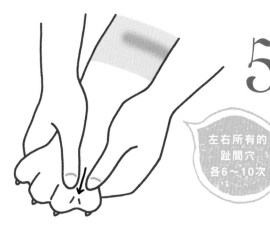

左右所有的
趾間穴
各6～10次

6 指壓腰的
百會

指壓腰的百會。

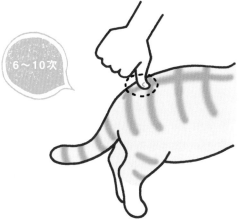

6～10次

腰痛

之前大多認為腰痛是因為兩腳步行而所引起的疾病，但最近，貓咪的腰痛病例卻也在增加中。年齡增加或是肥胖，運動不足、飼養環境的變化，還有家中地面變成木質地板都會增加貓咪腰部的負擔。在東洋醫學中認為，腰與腎臟有著密切的關係。若有劇烈腰痛時應避免直接於患部上按摩，可以按摩偏離患部但經絡相連的穴位。

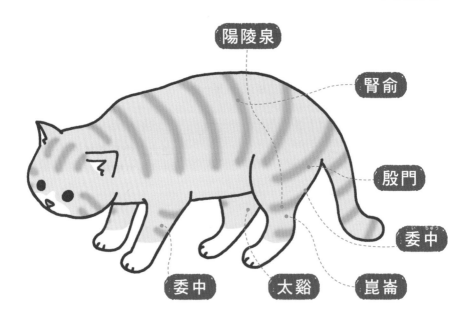

陽陵泉
腎俞
殷門
委中
崑崙
委中
太谿

●**太谿**　於後肢內側，內腳踝後方與阿基里斯腱之間的凹陷處（左右各一個）
●**崑崙**　於後肢外側，外腳踝後方與阿基里斯腱之間的凹陷處（左右各一個）
●**腎俞**　最後一根肋骨與脊椎連結之骨節開始往下的第二骨節兩側（左右各一個）
●**殷門**　坐骨尾部（骨盆的最後方）與膝蓋後方凹陷處的連結線中央
●**陽陵泉**　位於後肢外側，腓骨頭（膝蓋偏下方突出的骨頭）的斜後下方（左右各一個）
●**委中**　膝蓋後方的中央部

基 本 的
腰 痛 按 摩

1 於骨盆處
做畫圓按摩

於薦骨周圍做畫圓按摩。

6～10次

2 梳撫膀胱經

由大腿根部兩側沿脊
椎往前方梳撫。

左右
各6～10次

3 由膝蓋後方
往大腿根部梳撫

由膝蓋後方往大腿根
部方向梳撫。

左右
各6～10次

4 梳撫腹部兩側

梳撫腹部兩側。

左右
各6～10次

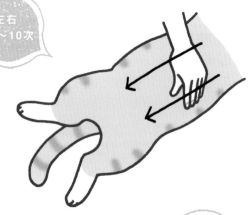

5 揉捏太谿穴
與崑崙穴

如同從左右夾住般同時
揉捏位於後肢腳踝處的
太谿穴與崑崙穴。

左右
各6～10次

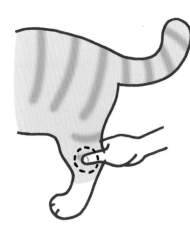

6 指壓腎俞穴

指壓位於脊椎兩側的腎
俞穴。

左右
各6～10次

7

指壓殷門穴

指壓位於後肢大腿後方的殷門穴。

左右
各6～10次

8

左右
各6～10次

指壓陽陵泉穴

指壓位於後肢外側的陽陵泉穴。

9

左右
各6～10次

指壓委中穴

指壓位於後肢膝蓋後方的委中穴。

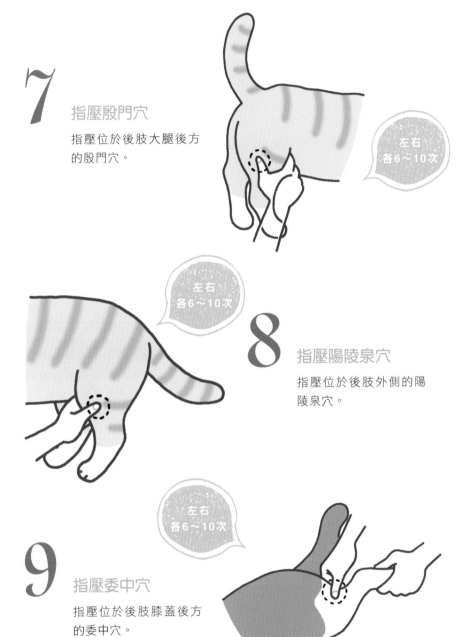

膝蓋的問題

體重集中負荷的膝蓋，與人類一樣是容易引起疼痛的部位。特別是因為貓咪經常會從高處跳下來的關係，對於膝蓋的負擔便相對性增加。集中刺激肌肉與肌肉的附著部，或者是膝蓋內側等部位以減緩對於膝蓋上的負荷是很重要的。如果貓咪走路的方式變得不自然，或是走路時似乎一直注意腳部的狀況便要特別留心。

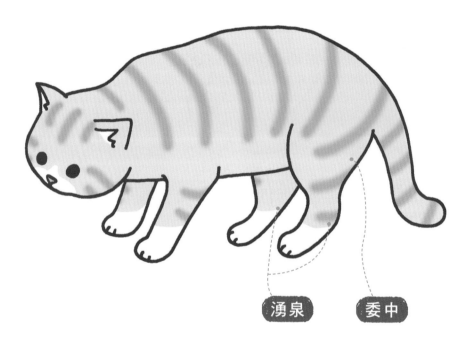

湧泉　　委中

●**委中**　膝蓋後方的中央部分（左右各一個）
●**湧泉**　後肢腳底最大肉球的根部（左右各一個）

基本的
膝蓋按摩

左右
各6～10次

1 梳撫後肢

由趾尖往大腿的根部梳
撫後肢外側。

左右
各6～10次

2 揉捏膝蓋

利用手掌，像整個包
住膝蓋般進行揉捏。

3 指壓委中穴

用拇指指壓位於膝蓋後方
中央部的委中穴。拇指以
外的四指則貼放於膝蓋前
方。

4 指壓湧泉穴

指壓位於後肢腳底的湧
泉穴。

左右
各6～10次

皮膚的問題

經常搔抓著皮膚，或者固執地一直舔著皮膚等現象的皮膚病，有可能是異位性皮膚炎。在西洋醫學上認為，異位性皮膚炎是因為家塵、汙垢、壁蝨、黴菌、花粉、食物等的過敏原與遺傳性特質複雜地相互影響所引起的症狀。透過按摩，將堆積在體內的有害物質、老舊廢物排泄到體外吧！

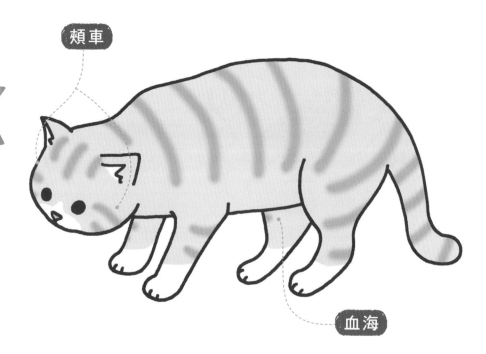

頰車

血海

- **頰車** 位於顏面左右臉頰上方的凹陷處（左右各一個）
- **血海** 膝蓋內側稍稍上方的凹陷處（左右各一個）

基 本 的 皮 膚 問 題 按 摩

1 梳撫前肢外側

由趾尖往肩胛骨方向梳撫前肢外側。

左右
各6～10次

2 揉捏頰車穴

用食指或是加上中指，由前往後輕柔地揉捏頰車穴。

左右
各6～10次

3 梳撫後肢

用拇指由膝蓋後方往大腿的根部方向梳撫。

左右
各6～10次

左右
各6～10次

4 指壓血海穴

指壓血海穴。

6～10回

5 拉提全身皮膚

拉提全身皮膚，並做扭
轉動作。

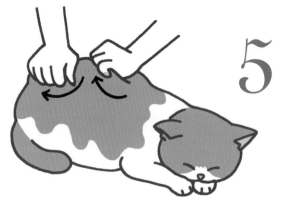

因為舌頭
碰不到下巴，
所以沒辦法
自己整理
喵~

感冒

所謂感冒，是由於風邪（風的邪氣）侵入動物的體內，而引起頭痛、發燒、惡寒、身體痠痛、鼻炎、咳嗽等症狀的疾病，一整年都有可能發病，但特別是在初春或是冬天較為多見。按摩不僅只有感冒的輔助治療效果而已，也包含著預防感冒的用意在其中。

- ● **印堂**　左右眉毛的中間位置
- ● **山根**　鼻子前端，無毛部位與有毛部位之交界點
- ● **風池**　於頸部的後方，中央部左右的淺凹處（左右各一個）
- ● **廉泉**　於喉結上方
- ● **尾尖**　尾巴尖端

基本的

感冒問題按摩

1 揉捏風池穴

揉捏左右的風池穴，
或是用拇指指壓。

左右
各6～10次

2 梳撫後頭部到背部

前後重複梳撫後頭部到
背部之間部位。可透過
刺激督脈、膀胱經的經
絡以提高免疫力。

左右
6～10次

3 梳撫前肢外側

由趾尖往前肢根部梳撫前
肢外側。

左右
各6～10次

4 梳撫印堂穴到山根穴之間

6～10次

用食指由印堂往山根方向梳撫。可緩解鼻水、鼻塞的症狀。

5 拉提廉泉穴

拉提位於下巴下方廉泉穴的皮膚。有鎮咳的功效。

6～10次

6 拉引尾尖穴

尾尖

單手抓穩尾巴根部固定，另一隻手則捏住位於尾巴尖端的尾尖穴並輕輕往前拉引。

國家圖書館出版品預行編目資料

貓咪經穴按摩 / 石野 孝 , 相澤瑪娜著 ; 蔡昌憲譯 . -- 三版 . -- 臺
中市 : 晨星出版有限公司 , 2024.01
　　128 面 ;16×22.5 公分 . -- （寵物館 ; 117）
　　譯自 : 癒し、癒される猫マッサージ
　　ISBN 978-626-320-658-8（平裝）

1.CST: 貓 2.CST: 寵物飼養 3.CST: 按摩

437.364　　　　　　　　　　　　112016484

掃瞄 QRcode，
填寫線上回函

寵物館 117

貓咪經穴按摩：治癒你、治癒牠的預防保健必備指南

作者	石 野　孝 、 相 澤 瑪 娜
譯者	蔡 昌 憲
執行主編	李 俊 翰
排版	尤 淑 瑜
封面設計	高 鍾 琪

創辦人	陳銘民
發行所	台中市407工業區30路1號1樓 TEL：04-23595820　FAX：04-23550581 http://star.morningstar.com.tw 行政院新聞局局版台業字第2500號
法律顧問	陳思成律師
初版	西元2014年06月01日
二版	西元2021年03月15日
三版	西元2024年01月01日
讀者服務專線	TEL：02-23672044 / 04-23595819#212 FAX：02-23635741 / 04-23595493 E-mail：service@morningstar.com.tw
網路書店	http：//www.morningstar.com.tw
郵政劃撥	15060393（知己圖書股份有限公司）
印刷	上好印刷股份有限公司

定價 320 元
（缺頁或破損的書，請寄回更換）
ISBN 978-626-320-658-8

"IYASHI, IYASARERU NEKO MASSAGE" by Takashi Ishino, Mana Aizawa
Copyright © Takashi Ishino, Mana Aizawa 2013
All rights reserved.
Original Japanese edition published by Jitsugyo no Nihon Sha Ltd.

This Traditional Chinese language edition published by arrangement with
Jitsugyo no Nihon Sha Ltd., Tokyo in care of Tuttle-Mori Agency, Inc., Tokyo
through Future View Technology Ltd., Taipei.